生活中的化学

撰文/陈苹苹　　　　审订/郝侠遂

中国盲文出版社

怎样使用《新视野学习百科》？

> 请带着好奇、快乐的心情，展开一趟丰富、有趣的学习旅程！

1 开始正式进入本书之前，请先戴上神奇的思考帽，从书名想一想，这本书可能会说些什么呢？

2 神奇的思考帽一共有6顶，每次戴上一顶，并根据帽子下的指示来动动脑。

3 接下来，进入目录，浏览一下，看看这本书的结构是什么，可以帮助你建立整体的概念。

4 现在，开始正式进行这本书的探索啰！本书共14个单元，循序渐进，系统地说明本书主要知识。

5 英语关键词：选取在日常生活中实用的相关英语单词，让你随时可以秀一下，也可以帮助上网找资料。

6 新视野学习单：各式各样的题目设计，帮助加深学习效果。

7 我想知道……：这本书也可以倒过来读呢！你可以从最后这个单元的各种问题，来学习本书的各种知识，让阅读和学习更有变化！

神奇的思考帽

客观地想一想

用直觉想一想

想一想优点

想一想缺点

想得越有创意越好

综合起来想一想

? 生活中的哪些现象属于化学现象？

? 你喜欢天然纤维还是合成纤维制作的衣服？

? 石油对我们的生活有什么贡献？

? 化学工业对环境有什么影响？

? 如果家里完全不用塑胶，可能会发生什么改变？

? 为什么化学与很多科学都有关系？

目录

■神奇的思考帽

C O N T E N T S

■专栏

什么是化学

化学是探讨物质和物质变化的科学。我们日常生活中的每一样东西都是一种物质，其中又包含了许多化学变化。

食衣住行都是化学

化学变化在生活中无所不在！当我们吃下食物，食物便在体内发生化学变化，被消化器官"分解"成身体可用的营养和

厨房可说是家庭中的小小化学实验室，从调味料、清洁用品的使用，到妈妈炒菜的过程，都离不开化学。（插画/邱静怡）

热量；而将食物从生食煮成熟食，也是一种化学变化，从远古人类懂得用火就开始了。我们穿的衣服，许多是利用"聚合反应"制成合成纤维，然后经过纺织、剪裁，通常还要加上"染色"。我们居住的房子，普遍会使用到砖块、水泥，它们分别是用黏土和石灰岩"烧制"而成。当我们出门坐车时，汽车也要依靠油料"燃烧"，才能产生能量来行

人吃下食物后，消化系统会借由各种化学反应，将食物转变成人体可以吸收利用的化学成分。（图片提供/达志影像）

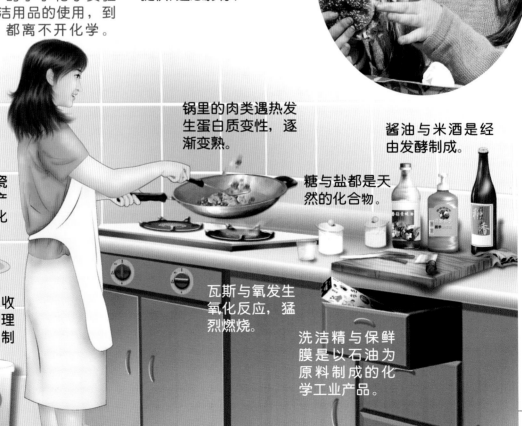

锅里的肉类遇热发生蛋白质变性，逐渐变熟。

酱油与米酒是经由发酵制成。

瓷盘是由瓷土经高温产生化学变化制成。

糖与盐都是天然的化合物。

厨余经回收发酵处理后，可以制成堆肥。

瓦斯与氧发生氧化反应，猛烈燃烧。

洗洁精与保鲜膜是以石油为原料制成的化学工业产品。

环保厨余桶

进。这些物质都是经过化学变化，从而改变了原来的形态和性质。

打开物质世界的钥匙

　　化学是一门非常基础的学科，人们可以借由化学来认识和改造各种物质，而整个宇宙万物都是由物质组成的，因此许多学科都与化学有关。例如天文学家想研究宇宙的物质，生物学家想探讨生命体内的生理现象，物理学家想分析光、电、热的变化，这些都需要应用到化学。除此之外，许多产业也和化学有关，例如石油工业将石油制造成各种产品，食品工业进行各种食品加工，冶金工业提炼各种金属等，都离不开化学。

肥皂分子具有将油污分解并悬浮于水中的特性，被人类作为清洁用品。（摄影/简瑞龙）

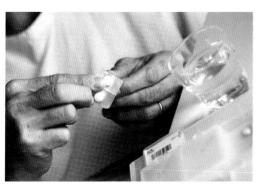

生病时服用的药物，有的能影响人体内的化学变化，增强对疾病的抵抗力。（图片提供/达志影像）

燃烧与发酵

　　火的使用可说是人类最早应用的化学方法。早在70万年前，中国的北京人就已经会使用火将生食改变为熟食，促进了人类文明的发展。大约在1.2万年前，人类便利用发酵来制作面包，到今天，面包已成为世界各地的食品。其他应用发酵制作的食品，还有葡萄酒（最少有5,000年历史）、米酒和醋等。虽然发酵的应用由来已久，但直到1857年，法国化学家巴斯德才证实它是酵母菌的作用。

面团里的酵母菌，会将糖类分解成酒精与二氧化碳。烘焙时，二氧化碳受热膨胀，将面团挤出大小不一的空洞，而使面包膨大。（图片提供/达志影像）

炼丹术与炼金术

（图片提供/维基百科）

中国古代的炼丹术很发达，影响了阿拉伯世界，进而传播到欧洲，西方称为炼金术。虽然它们都没有让人实现长生、富贵的愿望，却意外催生了早期的化学。

中国的炼丹术

从先秦到魏晋，中国历代都有方士或道士，他们发展出许多养生求道的方法，其中一项就是服用丹药。虽然没有人因为服食丹药而长生不老或得道成仙，但炼丹术却累积了与化学相关的知识和技术，例如晋朝的炼丹家葛洪（283—343），已经能进行汞的氧化和还原。

火药是中国的四大发明之一，最初是炼丹家偶然制成的。（图片提供/廖泰基工作室）

爱吃丹药的中国皇帝

古代中国的皇帝称为"万岁"，许多皇帝为了让自己"万寿无疆"，而迷信方士和道士之说，服用他们进献的丹药。爱吃丹药的皇帝，包括赫赫有名的秦始皇、汉武帝、唐太宗、清世宗（雍正帝）等。唐朝许多皇帝都是丹药迷，包括唐太宗在内，还有好几位因为服用丹药致死，从现代医学来看，恐怕是铅、汞中毒。虽然丹药最后往往成为毒药，但不知情的历代帝王还是前仆后继乐于服用，真可以说他们是方士和道士的"小白鼠"。

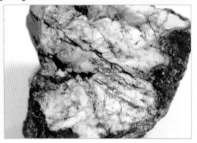

暗红色的朱砂是天然汞化物，含有水银的成分，属于中药材的一种，但长期服用会导致汞中毒。（图片提供/台湾大学地质标本馆）

中国的炼丹术士利用朱砂、雄黄、铅、水银等炼丹，主要目的是制作养生的药物。（插画/刘俊男）

炼化银。代开升水
术展化水始，银水
的发多银上炼
中多法，说升
丹出许，例明水
国丹学许例如工银
的方如提银术
例图，《提为水的
图为天明天银
《说工炼
天明物开
物图》图
》。炼

器材，例如蒸馏器皿与坩埚，这些仪器在现代的化学实验室中仍经常使用。

阿拉伯的炼金术

公元8世纪左右，阿拉伯出现炼金术，与中国的炼丹术颇有渊源。阿拉伯人对于炼金术的贡献很大，化学的英文chemistry，就是出自阿拉伯文alchemia，意思是炼金术。阿拉伯术士强调实验的重要性，并深入探索金属的变化，研究物质的"催化"作用。为了进行实验，他们设计出许多

19世纪的化学实验室。早期西方的炼金术已设计出许多化学仪器和方法，沿用至近代。（图片提供/达志影像）

西方的炼金术

早在古希腊时代，已有学者开始研究自然界的物质，并提出理论，其中融合了哲学、宗教和神秘主义。到了中世纪，这些关于物质的理论，与医学、草药学结合，成为欧洲炼金术的基础。

12世纪，阿拉伯人依靠伊斯兰教的势力将炼金术引进欧洲，虽然教会不接受炼金术，但许多学者都曾认真研习。阿拉伯人和欧洲人不重视肉体的永生，因此炼金术主要是为了"点金"，也就是把普通金属变成贵重金属。虽然真正的黄金、白银没有出现，但化学这门科学却因此诞生了。

西方的炼金术，主要是追求能将一般金属变成黄金的点金术。（插画/刘俊男）

原子·元素·分子

（图片提供/维基百科）

物质的基本单位是原子，以及由原子组成的元素和分子，它们是一切化学变化的源头。

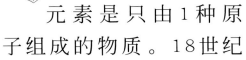

最小的粒子——原子

研究化学，要先从了解物质开始。物质是由微小不可分割的粒子构成的，这种粒子称为"原子"。早在2,000年前，古希腊哲学家德谟克利特就提出原子的概念，但直到19世纪，原子论才发展为重要的理论，并成为化学研究的基础。

英国科学家波义耳于17世纪强调元素无法互相转变或生成，是所有物质的构成基础。（图片提供/维基百科）

1种原子组成元素

元素是只由1种原子组成的物质。18世纪末，法国科学家拉瓦锡将元素定义为不能再分解的物质。目前已知的元素超过110种，其中有88种是地球上天然存在的，其他的则是人工合成的。地壳中含量最丰富的前3种元素，依次是硅、氧、铝。元素有多种状态，我们可以从中文名字的部首推断它们常温的状态，例如"金"是固体金属（铜、

门捷列夫（1834—1907）将每个元素的基本资料写在卡片上，并依各元素间的共同特质进行排列，最后编出元素周期表。（插画/刘俊男）

火山喷气口附近的黄色硫结晶，是人类最早得知的元素之一。（图片提供/廖泰基工作室）

铁等），"石"是固体非金属（碳、硅等），"气"是气体（氧、氢等），"氵"是液体。

"氧"在常温下是气体，但经过加压后会变成液态，可以储存在钢瓶中使用。（图片提供/达志影像）

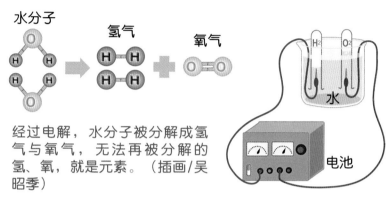

水分子　　氢气　　氧气

经过电解，水分子被分解成氢气与氧气，无法再被分解的氢、氧，就是元素。（插画/吴昭季）

多个原子组成分子

分子通常由多个原子以固定的比例组成，其中的原子可能是同一种元素，也可能是不同的元素，例如水分子是由2个氢原子和1个氧原子组成。每种分子都有特定的化学性质，这种性质不会任意变化。在进行化学反应时，组成分子的原子会重新组合，变成新的分子，新的分子会具有不同的化学性质。但无论化学反应如何进行，绝对不会产生新的原子，也不会有原子凭空消失，这叫作"质量守恒定律"。

元素的发现

元素的发现过程，可以说是贯穿了整个化学史。在有历史记载以前，人类已经发现了9种元素：7种金属（金、银、铜、铁、锡、铅、汞）和2种非金属（碳、硫）。但之后有几千年的时间，很少再发现新元素。直到18世纪以后，化学实验技术突飞猛进，元素也大量被发现。自然界的88种元素，到了1925年已经全部被人类找到；大部分的人造元素，则是1940年以后用原子能科技在实验室里制造的。随着科技的发展，或以后太空探险的突破，未来可能还有新的元素会陆续被发现。

目前已知元素超过110种，但只有88种存在于自然界，其他的人造元素都是科学家用粒子加速器制造出来的。（图片提供/维基百科）

19世纪的英国科学家道尔顿提出"原子论"，强调所有元素都是由不可再分割的原子所构成。（图片提供/维基百科）

奇妙的化合物

地球上的物质分为两种，一种是纯净物，一种是混合物。纯净物只由单一的成分组成，混合物则包含许多不同的成分。

彩色玻璃是玻璃（二氧化硅）与不同金属盐的混合物，因金属盐的种类不同而呈现出各种颜色。（摄影/简瑞龙）

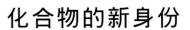

纯净物·混合物·化合物

水是一种纯净物，它只由水分子组成。空气是一种混合物，因为它含有氮、氧、二氧化碳和水蒸气各种分子。化合物也属于纯净物，它是由两种或两种以上的元素结合而成的，例如水由氢和氧组成，食盐由氯和钠组成。水和食盐都是一种化合物，但食盐溶在水里成为食盐水，那就是混合物了。

化合物的新身份

化合物非常奇妙，它是由不同元素结合而形成的新物质，而新物质的性质和原来元素的性质完全不同。例如水包含氢和氧两种元素，但是水并不具有氢或氧的性质，而是具有自己的性质：氢和氧常温下是气体，但水是液体；氢可以燃烧，氧可供呼吸，但是水不能燃烧也不能用来呼吸，水还具有固定的熔点与沸点。

海水是一种混合物，经过晒盐过程后，其中的水蒸发掉，只留下盐。（图片提供/廖泰基工作室）

同样的，氯是一种气体元素，钠是一种金属元素，但氯化钠（食盐）既不是气体也不是金属，而是一种带有咸味的盐类物质。

气球里灌充的纯氢气属于纯净物，但气球外的空气包含氮、氧及二氧化碳等，则属于混合物。（图片提供/达志影像）

氯化钙是一种化合物，因为具有容易吸收水分的特性，常被作为除湿剂。（摄影/简瑞龙）

混合物的分离方法

　　盐与细沙搅拌在一起，会形成一种混合物。如果将它放在杯里，再倒入清水，用筷子搅拌，不久会发现杯中的食盐逐渐溶解在水中，杯底则沉淀了无法溶解的细沙。将这杯液体用滤纸过滤，细沙会留在滤纸上，而通过滤纸的滤液，就是尝起来咸咸的食盐水。将食盐水慢慢蒸干，食盐颗粒便会结晶出来。由此可知，我们可以利用不同成分的不同特性将混合物加以分离。

一般滤水器都是采用"过滤"方法，分离水中的杂质。（图片提供/巫红霏）

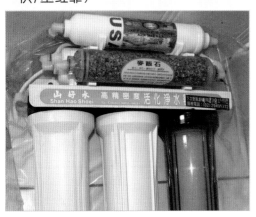

可以分离的混合物

　　在化合物中，原子已重新组成新的分子，因此不容易再分离。混合物则是由不同的纯净物混合，只要利用这些成分的不同特性，就可以将其中不同物质分离出来。常用的分离方法有蒸馏、过滤和萃取等。例如把含有杂质的水煮沸，沸腾后在锅盖上凝结的是纯水，而没有沸腾的杂质留在锅炉中，这就是一种蒸馏分离法。

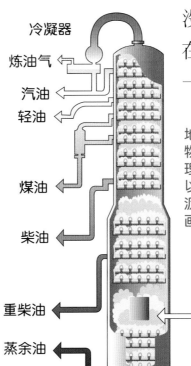

冷凝器
炼油气
汽油
轻油
煤油
柴油
重柴油
蒸余油
加热炉

地底挖出的原油是一种混合物，将原油放入分馏塔中处理，利用不同的沸点，就可以分离出汽油、柴油、重油、沥青等不同成分的油品。（插画/吴昭季）

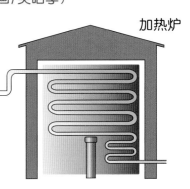

酸·碱·盐

（摄影/简瑞龙）

在所有的化合物中，能够溶于水而导电的物质，称为电解质，例如盐溶于水中便可以导电，盐就是一种电解质。电解质又分为酸、碱、盐三大类，它们在日常生活中的应用非常普遍。

什么是酸、碱

当我们吃柠檬和醋时会觉得酸，这是因为其中含有酸性物质。柠檬的酸味来自水果中的柠檬酸，醋的酸味来自醋酸。我们的胃液里也含有1%的盐酸，所以打嗝或呕吐后会感觉口中有酸味。这么酸的胃液可以杀死吃进去的微生物，保护身体健康。化学工业上最常应用盐酸和硫酸，盐酸可用于食品加工，但最后制品要加以去除。将酸溶解在水中，酸会解离出氢离子，形成酸性溶液。

图中左侧的盐酸、白醋及汽水为酸性物质，右侧的碱性物质常用于去除油污。（摄影/简瑞龙）

酸碱试纸沾上不同酸碱值的溶液时，会显现不同的颜色变化，遇酸呈现红色，遇碱变成蓝色。（摄影/简瑞龙）

与酸相对的是碱，例如厕所臭味的主要来源——氨，就是一种碱。日常生活最常见的碱是氢氧化钠与碳酸氢钠（小苏打），许多洁厕剂就是用氢氧化钠作为主要成分。将强碱与油脂共同加热后，可以得到肥皂，肥皂也是碱性的。碱性溶液具有滑腻的触感，并能解离出氢氧根离子。

酸碱值的单位叫作pH值，pH值大于7称为碱性，小于7则是酸性。无论强酸或强碱，都具有腐蚀性，使用时要特别注意安全。

酸碱中和变成盐类

将酸性溶液与碱性溶液混合在一起，会迅速发生反应。酸性溶液的氢离子和碱性溶液的氢氧根离子会结合形成水，而酸性溶液与碱性溶液中的其他成分则会结合成另一种物质，称为盐类。例如将盐酸与氢氧化钠混和后，就可以得到食盐（氯化钠）。如果将盐类溶液缓慢蒸发，盐类会析出形成晶体，晶体的形状是盐类的特征之一。

动手变魔术

材料与工具：紫甘蓝菜半颗，白醋，小苏打或其他酸、碱性物质，A4图画纸1张，画笔，小杯子。　　（制作/简瑞龙）

1. 紫甘蓝叶以手撕成小块，在热水中浸泡2—3小时。以纱布过滤溶液，得到干净的紫甘蓝溶液。
2. 将图画纸稍加搓揉，浸泡于紫甘蓝溶液中2—3小时。取出后吊挂晾干。

3. 用画笔分别蘸白醋、小苏打水溶液，利用紫甘蓝溶液遇酸变红、遇碱变绿的特性，让纸上出现图画。

人体的酸碱度

人体内环境必须维持在一定的酸碱度下，才能进行正常的生理反应，否则就会危害健康。过多的二氧化碳溶在血液内，会造成血液偏酸性而引起酸中毒，所以人的脑干会命令身体加快呼吸排出二氧化碳，以维持血液正常的酸碱度（pH值）。血液的pH值一般在7.4左右，人体会以呼吸、排汗、排尿等方式维持pH值的稳定。

运动时，人体会产生大量酸性化学物质，因此需要以急促呼吸、流汗等方式加速排出废物。

有机化学和无机化学

"有机"这个词来自希腊语，意思是"有生机的、有生命的"。实际上，从化学的角度来看，有机物和无机物的区别就在于"碳元素"。

关键元素——碳

我们称生物是"有机体"，而"有机物"就是指来自生物的化学物质，例如蛋白质、脂肪、糖类等。从前人们相信这种物质隐含某种生命力，不可能人工制造。直到1828年，德国化学家乌

蜜蜂采集花蜜，经过加工发酵后制成蜂蜜，是有机化学的典型例子。（图片提供/达志影像）

拉在实验室制造出一种生物分子——尿素，才推翻这个观念，从此有机化学蓬勃发展。

简单来说，由碳元素组成的化合物，普遍称为"有机物"。除了碳以外，其他化学元素组成的化合物则被归类为"无机物"。但是发展至今，有机与无机的界线渐渐模糊了，因为科学家发现，在许多生物的化学反应中，有机物和无机物是相辅相成的。

食物中的蔬菜、淀粉及蛋白质，都来自于动、植物，都属于有机化合物。（图片提供/达志影像）

生活中的有机物

生物的身体是由有机化合物组成的。古代的生物死亡后，埋在地下，在地壳中经过亿万年的变化，转变成石油、煤和天然气，这就是现今有机化学大部分的原料。石油可以提炼许多有机物的原料，除了燃料油、天然气之外，塑料、染料的原料也来自于石油。此外，人类每天摄取的生鲜食物，几乎都是有机化合物，包括蔬菜、水果、鱼虾、猪牛羊肉等等。至于经过加工制成的调味料，则看它的原料而定，例如糖大多采用蔗糖、枫糖，属于有机物；食盐主要来自海盐、盐矿，属于无机物。

乌拉用人工方法合成尿素，证明了有机物也可用人工方法制造。（图片提供/维基百科）

巴基球：碳的神奇变化

碳具有特殊的性质，能与其他碳原子、氢原子、氧原子、氮原子甚至硫原子形成稳定而有系统的结构，衍生出一系列化合物。此外，碳还能形成下图足球型的结构，称为"巴基球"。每个巴基球具有60个碳原子，又称为"碳60"，它和石墨、钻石一样，都是碳的同素异形体。巴基球是一种纳米微粒，属于尖端科技的产品，在工业和医学上的应用潜力很大。

巴基球是碳元素的一种新形态，为深具潜力的新材料。（插画/吴昭季）

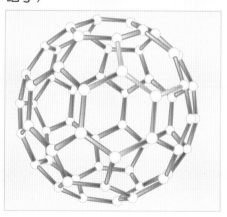

水果中所含的果糖是有机物，调味用的食盐则是无机物。（摄影/简瑞龙）

将木柴放进炭窑闷烧制成的木炭，成分以碳元素为主，属于有机物。（图片提供/达志影像）

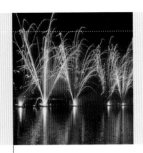

化学反应

"生米煮成熟饭"和"盐溶于水"都是一种化学反应，但是，饭不可能再变回米，盐水却可以把盐再变回来。

不可逆的反应

化学反应在生活中随处可见。铁在空气中缓慢地生锈，是一种化学反应；将青菜放在锅中快炒，也是一种化学反应。简单地说："化学反应是能量使物质发生变化的过程。"其实就是原子和原子之间的连接方式发生变化。

化学反应分为可逆与不可逆两种。最简单的不可逆反应的例子是煎荷包

蛋白质经过加热后，原有的分子结构会遭到破坏，让蛋白凝固、颜色变白，不可还原。（摄影/简瑞龙）

蛋，煎熟的鸡蛋不能恢复原样，这是因为加热使鸡蛋内的蛋白质结构永久改变了。同样的，纸张燃烧后变成灰烬，灰烬不可能变回纸张；牛奶发酵之后可做成乳酪，但乳酪不能变回牛奶；食物因为细菌的分解会发臭腐败，但发臭的食物也不可能变回新鲜状态。

荧光棒的发光原理，是利用棒内化学物质发生反应后产生的能量，促使棒内的荧光颜料发光，是一种不可逆反应。（图片提供/张君豪）

牛奶中的乳糖被细菌分解成乳酸后，间接促使蛋白质分子聚集成凝胶状，让优酪乳变得浓稠，不可还原。（摄影/简瑞龙）

可逆的反应

有许多化学反应是可以倒回来，逆向进行的。例如铅蓄电池放电时，化学能会转成电能；充电时，电能又会转为化学能。

大部分的可逆反应都是正反方向同时进行。例如：在紫甘蓝溶液里加醋，溶液里的紫色花青素会与醋的酸性离子结合，变成红色花青素。但在颜色停止变化后，紫色花青素仍持续与酸性离子结合，只是一部分的红色花青素同时也与酸性离子分开。花青素与酸性离子结合、分离的速度一样，所以整杯溶液颜色看起来没有变化。这种现象称为"动态平衡"。

紫色花青素分子与醋的酸性离子结合后，会转为红色花青素，由于红色花青素分子生成与分解的速度一致，处于一种动态平衡，因此溶液的颜色维持红色。（插画/陈志伟）

工业污染造成的酸雨侵蚀大理石像，属于不可逆的化学反应。（图片提供/达志影像）

钟乳石的可逆反应

钟乳石是自然界的一大美景，也是一种可逆反应的产物。钟乳石形成于石灰岩较多的地方，石灰岩的主要成分是碳酸钙。当石灰岩遇到雨水，碳酸钙会和水分以及空气中的二氧化碳作用，形成可溶性的碳酸氢钙。碳酸氢钙溶液会渗入石灰岩的岩洞里，这时溶液中的水分会蒸发，二氧化碳也会飘散回到空气中，于是又在洞顶析出碳酸钙的沉积物。当碳酸钙的沉积物愈积愈多，就形成了钟乳石。钟乳石的沉积过程很缓慢，大约1,000年才能增长6厘米，所以非常珍贵。

钟乳石的形成其实是碳酸钙自然还原的过程，需要长久的时间。（摄影/黄丁盛）

燃烧的真相

物质为什么会燃烧？为什么有的物质燃烧后重量减少，有的重量增加？这是一段有趣的故事，它对化学的发展方向产生了重大的影响。

施塔尔的燃素说

燃烧是最常见的化学变化之一。但是物质为什么会燃烧？燃烧是怎么一回事？这个问题曾经让科学家大惑不解。到了17世纪末期，法国科学家施塔尔观察到：物质燃烧后

通过燃烧，火柴里的碳、氢原子与氧气结合成水蒸气及二氧化碳，并释放出光与热。（图片提供/达志影像）

重量会变轻，而剩下的灰烬无法继续燃烧。于是，他提出一个理论：物质中含有一种"燃素"，含有燃素的物质可以燃烧；燃烧过后，燃素被抽离，物质就不能再燃烧了。不过，这种"燃素"是什么，却是一个谜。

公元1774年，英国教士卜利士力，利用放大镜把阳光聚焦到玻璃管内的氧化汞上，阳光的高温使朱红色的氧化汞起了变化，结果产生汞与另一种气体；他还发现，许多物质可以在这种气体中

燃素说与燃烧。（插画/王韦智）

燃素说：燃烧是将木材分离成燃素与灰烬，属于一种分解作用。

燃烧：剧烈的氧化作用，氧气与木柴里的各种化合物重新组合。

空气中的氧气

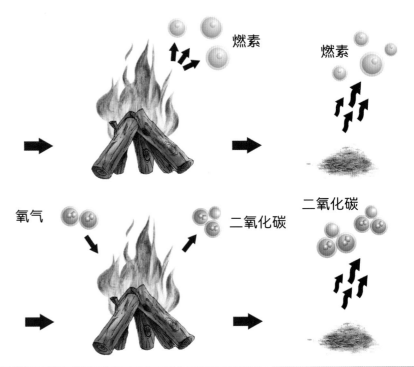

燃素

燃素

氧气

二氧化碳

二氧化碳

消防员使用化学泡沫灭火，是以泡沫隔绝物体与氧气的接触，使燃烧中断。（图片提供/达志影像）

燃烧得更剧烈。然而，科学家发现金属在这种气体中燃烧后，重量反而增加，完全不符合燃素说的理论。

拉瓦锡的新发现

拉瓦锡除了确定氧气与燃烧的关系外，更以实验证明了"质量守恒定律"。（图片提供/维基百科）

　　1777年，法国科学家拉瓦锡经由一系列精密的称重实验，推翻了燃素说。他认定这种气体是一种新的物质，也就是氧气；而燃烧的现象，就是物质与"空气中的一种活性物质"（氧气）剧烈结合的过程。他还认为，燃烧和生锈的本质一样，都是物质和氧气发生作用的结果。他的发现对化学发展产生了重大的影响。

　　现在我们知道，木炭、纸张都是碳组成的，燃烧后会产生二氧化碳与水，这两者大部分回到空气中，只剩下重量很轻的灰烬；而金属燃烧后，会与氧结合产生金属氧化物，所以燃烧后的重量反而比燃烧前还大。

冥纸燃烧后的灰烬，重量比原来减轻许多，是因为冥纸的碳已经与氧结合成二氧化碳，散失到空气中。（摄影/黄丁盛）

瓦斯中毒：可怕的不完全燃烧

　　现代人大多住在公寓楼房，有些住家通风不良，每到冬天便常发生瓦斯中毒的悲剧。瓦斯的主要成分是碳氢化合物，如果完全燃烧，可以产生二氧化碳，对人体并不会产生毒害；但如果安装热水器的地方通风不佳，氧气的补充不足，瓦斯无法完全燃烧，就会释放致命的一氧化碳。一氧化碳会与红细胞中的血红蛋白结合，使血液失去携带氧气的能力，人便窒息而死。所以瓦斯热水器不可放在室内，一定要安装在通风良好的室外。

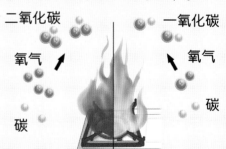

瓦斯燃烧不完全时（右），火焰中会产生许多来不及与氧结合的碳原子，并在受热后放出红光，与完全燃烧的蓝色火焰不同。（插画/陈志伟）

氧化与还原

氧化现象在自然界非常普遍。燃烧是氧化，生锈是氧化，呼吸作用也是氧化，连人体的新陈代谢，也和氧化作用有密切关联。

氧的结合与分开

氧化就是物质与氧原子结合，形成氧化物的过程。与此相反的是"还原反应"，也就是把

钢铁生锈是生活中最明显易见的氧化反应。（图片提供/达志影像）

氧化物中的氧原子除去的过程。"铁生锈"是氧化反应最好的实例：将氧化铁（生锈的铁）与焦煤一同加热煅烧，焦煤中的碳会和氧结合，夺去氧化铁中的氧，形成二氧化碳，这是氧化反应；而氧化铁去除了氧，变回金属铁，就是还原反应。

炼铁工厂应用金属还原的原理，以煤中的碳与铁矿或废铁中的氧结合，提炼出炽热的铁浆。（图片提供/达志影像）

谁最容易氧化

每种元素都有它的"活性"，也就是化学反应的程度。愈容易氧化的，活性愈大；愈不容易氧化的，活性愈小。金是活性最小的金属，不会生锈，能

左图：镁的活性比铁、锡等常见金属大，燃烧时会发出强光。（图片提供/达志影像）

右图：暖宝宝内含铁粉、盐及活性碳，其中铁粉会与氧气进行氧化作用，产生热；盐及活性碳则是加速反应的。（摄影/简瑞龙）

长期存放而色泽如新，甚至燃烧也不会改变性质，所以有"真金不怕火炼"的说法。镁是一种活性大的金属，很容易与氧结合形成氧化镁，早期相机所装置的镁光灯，就是利用镁的氧化反应：当镁燃烧时，会发出强烈的白光，以增强拍照时的照明度。

细胞的氧化

空气中含有1/5的氧气，因此氧化作用时时刻刻在进行。切开的苹果会变黄，是因为氧气与切面上的细胞进行氧化作用，产生褐色物质，又称"褐变"。进一步来说，动物、植物的呼吸也是帮助细胞进行氧化作用，氧气可以帮助细胞分解养分，获得能量。事实上，动物、植物的新陈代谢和氧化作用有很密切的关系。

苹果削皮后果肉变色，起因于氧化作用，但发生氧化并不是果肉里的铁，而是细胞内的有机化合物。（摄影/简瑞龙）

健康杀手——自由基

在环境中有一种活性很强的物质，称为自由基。当环境污染愈严重，自由基的浓度就愈高。自由基会在体内引发各种氧化作用，包括破坏细胞和DNA、加速老化、引发疾病甚至癌症。维生素C和维生素E能够清除体内的自由基，有利于人体的保健，但最重要的是饮食均衡，以摄取足够的营养来强化体质。

烧烤、油炸、腌渍或是过度加工的食物，都会破坏原有的营养成分，并增加自由基的含量。（图片提供/达志影像）

单元 10

人体的化学

人体是一座精密的化学工厂，时时刻刻都在进行各种化学反应，呼吸只是其中之一。此外，还有更多奇妙的工作在人体内进行。

人的运动是一连串化学变化的结果，从神经细胞间的信息传导，到肌肉收缩、动作，都是靠化学反应推动的。

肝脏的解毒功能

肝脏是人体最大的器官，除了分泌胆汁来分解和消化脂肪外，最重要的功能就是产生各种酶类，分解体内的毒素。例如肝脏有一种专门处理酒精的酶，叫作"酒精脱氢酶"，它与酒精结合之后，会将酒精分解，转变成乙醛；乙醛分解为醋酸，醋酸再分解成二氧化碳和水，经由尿液排出体外。但如果乙醛太多，肝脏无法立刻分解，就会造成头痛、恶心等症状。因此，如果饮酒过量，肝脏的负担过大，会导致肝脏损伤并危害健康。

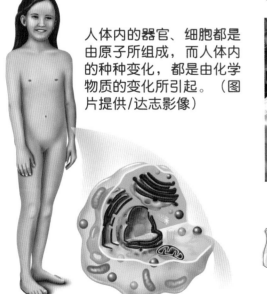

人体内的器官、细胞都是由原子所组成，而人体内的种种变化，都是由化学物质的变化所引起。（图片提供/达志影像）

酒精主要通过肝脏的酶分解，但少部分会随着尿、汗及呼吸排出，酒测就是针对呼吸中的酒精浓度进行检测。（图片提供/达志影像）

消化：一连串的化学分解

人体摄取食物，必须经过消化分解，才能让食物成为细胞可以利用的物质。食物首先在口腔经过咀嚼，唾液中含有一种淀粉酶，可以初步分解淀粉。接下来，食物到了胃，再由胃液分解蛋白质；胃液是强酸性的，可以杀死食物中有害的微生物。

许多研究显示，精神病与脑内化学物质的作用异常有关。（图片提供/达志影像）

食物在胃中已经成为半分解状态，接着进入小肠，由好几种消化液一同进行更精细的分解：蛋白质分解成氨基酸、淀粉分解成葡萄糖、脂肪分解成脂肪

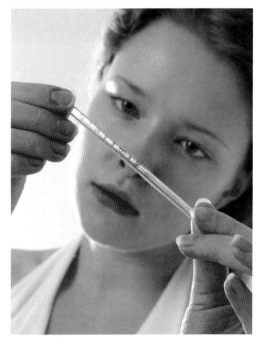
人体能维持恒定体温，依赖的就是体内化学反应不断产生的热量。

酸，然后被小肠吸收。这一连串的分解过程，都是人体重要的化学反应。

屁和瓦斯

有人把屁形容为人体制造的瓦斯，因为屁和瓦斯都是有臭味的气体，也都含有甲烷。由于屁含有甲烷和氢气这两种可燃性气体，因此，假使宇航员在太空舱中放屁，除了造成污染之外，会不会导致太空舱爆炸？这不是开玩笑，太空专家曾经很严肃地研究过这个问题，后来发明了一种能自动侦测有害气体的装置，只要有人放屁，装置就立刻启动把它吸收。毕竟太空舱是密闭狭小的空间，一切都要做好万全准备。

有机垃圾经过细菌分解，会产生成分与屁类似的沼气，垃圾掩埋场多设有沼气处理厂，以免沼气引起火灾或爆炸。（摄影/简瑞龙）

放屁的化学原理

屁也是一种化学反应。有些食物（例如番薯）在分解之后会产生气体，留在大肠里，这些气体有氮气、氢气和甲烷。食物渣滓从小肠进入大肠后，会被大肠中的细菌分解、发酵而产生臭味，并和大肠中的气体混合产生臭气。臭气经由肛门排放，就变成臭屁了。

食品与化学

我们的日常饮食，含有五花八门的化学物质。有的是天然生成的，有的是人工添加的；有的有益健康，有的最好少吃。

为食品上色

色素是食品常见的成分，有些是食品中的天然成分，有些则是人工添加的。蔬菜和水果含有叶绿素、花青素、茄红素、胡萝卜素等，这些化学物质形成蔬菜水果的颜色，有些还有益健康。然而，人工添加的色素就不一定了。食品在加工过程

颜色鲜艳的食品往往添加各种食用色素，这些色素不宜长期或过量食用。（摄影/简瑞龙）

加工厂在烹调食品时，通常会添加安全剂量内的防腐剂，以确保食物不会腐坏。（图片提供/达志影像）

中，有时会失去原有的颜色，厂商为了让食品看起来比较鲜艳好吃，便添加一些食用色素。大多数的人工添加色素，如果使用的剂量在安全标准以内，对身体是无害的；但若长期食用，可能有害健康。

应用普遍的咖啡因

许多人爱喝咖啡，咖啡除了独一无二的香气之外，还含有"咖啡因"，具有提神功效。通常一杯咖啡含有咖啡因0.1—0.5克，足以让人提神醒脑。研究显示，适度摄取咖啡因，对身体并无害

处；然而喝得过量，就有上瘾的危险。

除了咖啡以外，茶、可乐、巧克力也含有咖啡因。咖啡因也可以人工合成制造，并已广泛应用在食品和药品上，例如有些感冒药也会添加咖啡因，以改善服药后昏昏欲睡的状况。

热可可所含的咖啡因远比咖啡低，对人体造成的影响较小。（图片提供/达志影像）

防腐保鲜

很多食品为了防腐保鲜或增加口味而添加各种化学物质。常见的食物防腐剂有硝酸盐和亚硝酸盐，它们除了可以杀死致命的肉毒杆菌，还能让肉类食品看起来红嫩。但根据研究，过度摄取亚硝酸盐容易致癌。常见的泡面则采用维生素E作为抗氧化剂，以免油脂变质。

农民以食盐腌渍蔬菜，以便长期保存与销售。（图片提供/廖泰基工作室）

同样以黄豆为原料，可以做出多种不同的食品。（摄影/简瑞龙）

运动饮料可以多喝吗

当剧烈运动后，人体会由皮肤表面排出大量汗液；汗液中除了水分，还有盐分和少量矿物质。这时如果只喝开水，虽然可以补充水分，却不能补充盐分和矿物质。食品厂商针对这一点，推出了"运动饮料"，成分包括水、盐、矿物质和少量的氨基酸、葡萄糖，在剧烈运动后或是腹泻后饮用，可以适时补充流失的矿物质。但是运动饮料喝太多，也可能会造成肾脏负担。请记住，任何东西过量都不好。

运动饮料除了糖分、盐类及矿物质外，还会加入少量香料、调味料来增添味道。（摄影/简瑞龙）

植物与化学

光合作用能供应生物氧气与养分，而固氮作用是蛋白质生成的关键。这两种化学变化，在地球的生态圈中扮演着极重要的角色。

生命的基础：光合作用

地球刚形成的时候，氧气的含量并不高。然而当原始的生命体出现以后，数亿年之间，地球的大气组成大幅改变。到了现在，大气中氧气所占的比例已经高达1/5，使地球成为太阳系中目前所知唯一生命欣欣向荣的星球。这么多的氧气，大多由绿色植物的光合作用产生。

根瘤菌进入豆科植物的根部之后，会使根部产生瘤状物，根瘤菌便在这里进行固氮作用，将氮气转换成硝酸盐。（图片提供/达志影像）

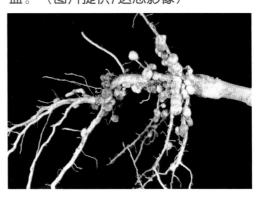

绿色植物的细胞含有叶绿体，叶绿体含有许多叶绿素，可以行光合作用。叶绿素吸收太阳光，将水分子分解成氢和氧。氧由气孔排出，供应所有的生物呼吸；氢则携带太阳能，将二氧化碳转变成葡萄糖，以淀粉的形式储存起来，直接或间接供应动物（包括人类）。不要小看这小小的化学反应，如果没有光合作用，大多数的生物将从地球消失。

除了通过光合作用制造氧气，部分植物还会释放芬多精，可以杀死、抑制细菌生长，对人体有镇静的效果。（图片提供/达志影像）

制造蛋白质：固氮作用

甘蔗将光合作用得来的葡萄糖，以化学反应转为蔗糖，以利储存。（图片提供/李宪章）

大气中最多的成分是氮，约占大气总体积的78%。氮是蛋白质重要的成分，但它是一种非常安定的元素，动物、植物都无法直接从大气吸收氮气加以利用。

有一种与植物共生的菌类，叫作根瘤菌，能将空气中的氮转变成植物可以利用

部分植物（如迷迭香、薄荷）会制造并散发出特殊化学成分，使自己免于昆虫啃食。

的硝酸盐类，这个过程称为"固氮作用"。硝酸盐类由植物吸收后合成植物性蛋白质，而动物吃了植物后，又在动物体内重组成动物性蛋白质。最后，当动物死亡后，细菌分解遗体，这些蛋白质又变回硝酸盐回到大自然。化学家在实验室中尝试模仿根瘤菌，却无法重现这么精巧的变化过程。

没有光合作用的生态世界

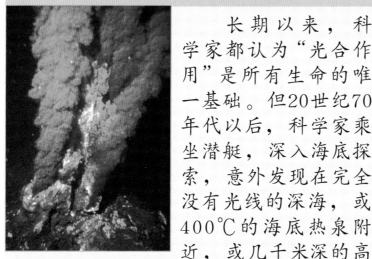

海底的热泉里含有丰富的硫化物，热泉喷口附近的细菌便以硫化物为食物，并演化出独特的生态系统。（图片提供/维基百科）

长期以来，科学家都认为"光合作用"是所有生命的唯一基础。但20世纪70年代以后，科学家乘坐潜艇，深入海底探索，意外发现在完全没有光线的深海，或400℃的海底热泉附近，或几千米深的高压海底（压力是大气压力的240倍），竟出现许多生物，形成与陆上完全不同的生态世界。有些菌类甚至不呼吸氧、不以有机物为生，只以火山喷出的无机物为食。由此可见，地球的奥秘是超乎我们想象的。

仙人掌在夜晚吸收二氧化碳，白天关闭气孔，以减少水分散失，利用先前储存的二氧化碳进行光合作用。（图片提供/廖泰基工作室）

环境与化学

肥料和农药都是最出色的化学发明之一，但应用在生态环境上，却产生了重大的危机，其中问题出在哪里呢？

肥沃的危机

植物生长，必须从土壤中吸收各种养分。人类发现，在土壤中添加一些成分，例如草木灰、水肥，可以帮助植物生长，这就是肥料。几千年以来，人类都使用天然肥料；19世纪以后，发明了人工制造的"合成肥料"。

农民在田里种植油菜，再将油菜翻入土中任其腐烂，补充土地的养分。（摄影/黄丁盛）

流入河川的肥料造成藻类大量繁殖，湖水因而富营养化，变得泛黄、泛绿。（图片提供/廖泰基工作室）

合成肥料可以自由调整配方（如氮、磷、钾）的比例，效果强，使用方便，可以迅速提高农产量，很受农民欢迎。

然而到了20世纪后期，人们惊讶地发现，过度使用合成肥料的土壤，竟然会变得贫瘠，即使休耕多年也未必能恢复。原来，化学和环境之间有很复杂微妙的关系，过多的人为干涉，往往会产生"揠苗助长"的效果。

肥料过度施用，还会产生一个后遗症：下雨时，雨水将土壤中的肥料冲刷入河，河中的微生物得到滋养而大量繁殖，结果把河中的氧气消耗殆尽，造成鱼虾无法生存，河川生态瓦解，这种现象称为"富营养化"。

长期过度使用合成肥料，往往会造成土地养分的流失或是土壤酸化，使土地贫瘠。（图片提供/达志影像）

白头海雕体内累积的DDT会让其产下的蛋壳变薄，蛋容易被亲鸟坐破而无法孵化，因此白头海雕一度濒临灭绝。（图片提供/达志影像）

农药只毒杀害虫吗

　　农药的发明主要是为了防治有害生物，然而大量喷洒的农药，有的直接残留在农作物上，被人直接吃入；有的会转移到大气、水中，或是残留在地表，最后又间接被人体吸收。不同的农药，残留的时间不同，例如DDT的残留期就很长，对环境和人体的危害很大。所以使用农药，要控制剂量以及施药时间，让农药残留期不要超过收成时间。

农民喷洒农药，杀死会妨碍农作物生长的昆虫，却可能让农药通过食物链累积到人体。（图片提供/廖泰基工作室）

环境激素

　　激素又称荷尔蒙，是人体内分泌腺产生的化学物质，可以影响人体生理机能。随着人工合成物的出现，科学家发现其中有很多化学物质，因为化学结构与性质跟人体激素类似，进入人体之后，会产生与激素类似的作用，因而干扰人体的生理机能，因此称为"环境激素"。常见的环境激素主要来自农药、染料、工业化合物等，其中最有名的是二噁英，会影响细胞的分裂与生殖，严重时会致癌。

二噁英的产生，大多与工业生产有关，其中制造或燃烧含有氯成分的化学物质，如聚氯乙烯（PVC）塑胶，是主要的二噁英来源之一。（图片提供/达志影像）

化学工业新发展

凡利用化学方法进行大量生产的产业，都可以称为化学工业。它的原料、制造方法及产品，种类繁多又复杂，和人类的生活息息相关，未来将有什么新发展呢？

20世纪的化学工业

这不是塑胶杯，而是以玉米为原料制成的环保产品。（摄影/简瑞龙）

自从工业革命之后，纺织、机械、钢铁业都发展出新的生产技术，对化工产品的需求大幅增加，因此化学工业也跟着迅速发展了起来。到了第二次世界大战以后，石化工业蓬勃发展，全面改写了20世纪人类的生活面貌。石化业是以石油、煤、天然气等为原料，制造燃料、塑胶、肥料、染料、人造纤维、化妆品等等。不过，20世纪末以来，地球开始出现石油短缺危机，因此寻找新的替代原料，成为全球石化业的新课题。

石化业的产品多而复杂，因此一个石油化学工业区内会有多种不同的制造加工厂，组成复杂的生产线。

古老的化学工业

肥皂业和染料业都是古老的化学工业。肥皂是以动物、植物油脂加上强碱反应所得的产品，古代制碱技术不发达，多半以草木灰作为原料。在古代欧洲，肥皂是一门限制严格的行业，未经许可而制作肥皂会被治罪。染料业则是普遍的手工业，将一些植物如大青、木蓝等加热煮汁，等汁液发酵后，将布料浸入，可染成蓝色或黑色。古人发现，若在染料中添加明矾，颜色会持久不褪，这种成分称为"媒染剂"。

将大青等植物切碎、熬煮、发酵后，由于原有的化学物质发生变化，原本青绿色的植物会变成深蓝色的染料。（图片提供/达志影像）

新产品、新材料的出现

直到今天，化学工业仍在大幅发展，而我们的日常生活也似乎愈来愈依赖化工产品。人们不断研究新产品、新材料，其中以高分子塑胶材料最具代表性，应用的范围也很广，从普通的塑料袋到耐酸碱的特氟龙。新发展的陶瓷材料比钢、钛金属还耐热、坚韧，能够承受太空船经过大气层产生的高温。另外，由于化学工业的快速发展，使得地球所受的污染空前严重，现在化学工业

工人正抢救漏油的油井。石油不能以人工方式大量制造，目前已有学者预估，50年后石油将严重短缺。（图片提供/达志影像）

界已经积极提倡"绿色化学"，强调化学产品必须"能够分解"，最后回归自然，而不是成为地球的污染源和垃圾公害，例如在塑胶材料中加入能够帮助分解的淀粉或微生物等。

覆盖在航天飞机表面的耐火砖，不仅可以承受高温，而且导热缓慢，不会将热传导进船舱内，让宇航员热死。（图片提供/NASA）

英语关键词

化学	chemistry	氧	Oxygen
炼金术	alchemy	氮	Nitrogen
炼金术士	alchemist	碳	Carbon
物质	material	硫	Sulfur
能量	energy	铁	iron
分子	molecule	铜	copper
原子	atom	金	gold
离子	ion	银	silver
固体	solid	化合物	adduct
液体	liquid	混合物	admixture
气体	gas	溶液	solution
熔点	melting point	水溶液	aqueous solution
沸点	boiling point	电解质	electrolyte
元素	element	酸	acid
周期表	periodic table	碱	base
氢	Hydrogen	盐	salt

碳酸盐 carbonate	色素 coloring
钟乳石 stalactite	防腐剂 preservative
二氧化碳 carbon dioxide	化学工业 chemical industry
化学反应 chemical reaction	石油 petroleum
化学式 chemical formula	聚合物 polymer
燃烧 burn	人造纤维 artificial fiber
氧化 oxidation	塑胶 plastic
还原 reduction	肥料 fertilizer
抗氧化 anti-oxidation	清洁剂 detergent
可逆反应 reversible reaction	二噁英 dioxin
光合作用 photosynthesis	杀虫剂 pesticide
发酵作用 fermentation	陶瓷材料 ccramic
有机化学 organic chemistry	纳米 nanometer
无机化学 inorganic chemistry	富勒烯（巴基球）fullerene
葡萄糖 glucose	
酒精 alcohol	

1 请将下面的各种活动与所应用到的化学变化连接起来：

钻木取火·   ·发酵作用

制作面包·   ·氧化作用

铁片生锈·   ·还原作用

提炼金属·   ·燃烧作用

（答案在07、20、22页）

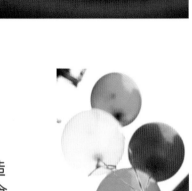

2 请把下面的元素依照金属、非金属进行分类：

碳、氢、氧、砷、锗、银、汞、氯、硫、钾、钠

金属_____

非金属_____

（答案在10—11页）

3 有一种疾病称作食道返流，患者经常感到胃液流入食道造成不适，严重时引起食道溃疡。请问胃液为什么会造成食道溃疡？

（　）碱性太强，腐蚀食道黏膜

（　）酸性太强，腐蚀食道黏膜

（　）在食道进行酸碱中和反应

（　）食道黏膜遭到细菌感染

（答案在14页）

4 为什么将饮水煮沸就可以有效杀菌？

1.细菌淹在水里缺乏氧气而死

2.细菌破碎后死亡

3.细菌里的蛋白质变性后，无法恢复原状而死亡

4.细菌里的DNA加热破坏后死亡

（答案在18页）

5 关于化学反应的概念，下列哪些正确？（多选）

（　）原子重新排列组合，称为化学反应。

（　）可逆反应不会停止进行，只会达到平衡。

（　）化学反应也包括能量释放与获得。

（　）铅蓄电池可以进行可逆的化学反应。

（答案在19页）

6 下面哪几种维生素可以有效帮助人体清除自由基，维持身体健康？（多选）

（　）维生素A

（　）维生素B族
（　）维生素C
（　）维生素D
（　）维生素E

（答案在23页）

7 我们常看到补肝药的广告，都强调"肝不好，人生是黑白的"。请问肝脏与饮酒有关的化学反应叙述，哪些是正确的？（多选）

　1.肝脏可以分解酒精，使酒精变成乙醛，再变成醋酸，最后以二氧化碳与水的形式排出体外。

　2.肝脏可以无限制分解酒精，所以饮酒不会伤身。

　3.饮用过多酒精会造成肝脏来不及处理，让身体不适。

　4.酒精主要是在胃中分解的。

（答案在24页）

8 生物依靠什么化学作用将太阳能转变成化学能？（单选）

　1.消化作用

　2.固氮作用

　3.光合作用

　4.催化作用

（答案在28页）

9 光合作用进行时，植物须先吸收水和＿＿＿＿＿＿＿，经过叶绿体中的化学变化，将水分解为＿＿＿＿＿＿和＿＿＿＿＿＿＿，并将＿＿＿＿＿＿＿合成为葡萄糖供给植物体的需要。

（答案在28页）

10 原油价格飞涨，使得能源短缺的问题越来越严重。你认为石油减少会立即直接影响到下面哪些产业？（多选）

（　）炼油业

（　）人造纤维业

（　）塑胶业

（　）羊毛纺织业

（　）制药业

（　）有机农业

（答案在32页）

我想知道……

这里有30个有意思的问题，请你沿着格子前进，找出答案，你将会有意想不到的惊喜哦！

开始！

人类最早使用的化学方法是什么？
P.06

为什么肥皂可以去除油污？
P.07

为什么会有许洞？

生米煮成熟饭是哪一种化学反应？
P.18

为什么酸奶会黏稠？
P.18

钟乳石的形成是将什么还原了？
P.19

太棒得美牌。

最早的人工制造的生物分子是哪一种？
P.16

什么是"环境激素"？
P.31

二噁英是怎么产生的？
P.31

什么是"绿色化学"？
P.33

有机物和无机物的主要差别是什么？
P.16

运动饮料可以多喝吗？
P.27

为什么有人把屁称为瓦斯？
P.25

颁发洲金

太厉害了，非洲金牌也是你的！

为什么胃酸过多要吃苏打饼干？
P.15

强酸和强碱有什么危险性？
P.14

为什么肥皂摸起来会滑腻？
P.14

为什么有酸味

面包里多的空

古代中国炼丹的主要目的是什么？

中国四大发明中，哪一项是由炼丹术士发现的？

不错哦，你已前进5格。送你一块亚洲金牌！

了，赢洲金

瓦斯中毒是怎么一回事？

将铁锈还原成铁，是除去铁锈中的哪种物质？

古代西方炼金的主要目的是什么？

太好了！你是不是觉得：
Open a Book !
Open the World !

苹果切开后变黄，是哪种物质与氧气结合造成的？

元素周期表是谁发明的？

元素都是天然存在的吗？

大洋牌。

哪些烹调方式，会增加食物中的自由基含量？

为什么暖宝宝可以发热？

氧气筒里的氧气是哪种状态？

打嗝会？

一般滤水器采用哪种分离方法？

获得欧洲金牌一枚，请继续加油！

混合物和化合物有什么不同？

图书在版编目（CIP）数据

生活中的化学：大字版 / 陈苹苹撰文．—北京：中国盲文
出版社，2014.9
（新视野学习百科；53）
ISBN 978-7-5002-5403-4

Ⅰ．①生… Ⅱ．①陈… Ⅲ．①化学—青少年读物
Ⅳ．① O6-49

中国版本图书馆 CIP 数据核字 (2014) 第 209109 号

原出版者：暢談國際文化事業股份有限公司
著作权合同登记号 图字：01-2014-2082 号

生活中的化学

撰　　文：陈苹苹
审　　订：郝侠遂
责任编辑：高铭坚
出版发行：中国盲文出版社
社　　址：北京市西城区太平街甲 6 号
邮政编码：100050
印　　刷：北京盛通印刷股份有限公司
经　　销：新华书店
开　　本：889×1194　1/16
字　　数：33 千字
印　　张：2.5
版　　次：2014 年 12 月第 1 版　2014 年 12 月第 1 次印刷
书　　号：ISBN 978-7-5002-5403-4 / O·24
定　　价：16.00 元

销售热线：（010）83190288 83190292　　　　版权所有　侵权必究

绿色印刷　保护环境　爱护健康

亲爱的读者朋友：

　　本书已入选"北京市绿色印刷工程—优秀出版物绿色印刷示范项目"。它采用绿色印刷标准印制，在封底印有"绿色印刷产品"标志。

　　按照国家环境标准（HJ2503-2011）《环境标志产品技术要求 印刷 第一部分：平版印刷》，本书选用环保型纸张、油墨、胶水等原辅材料，生产过程注重节能减排，印刷产品符合人体健康要求。

　　选择绿色印刷图书，畅享环保健康阅读！

北京市绿色印刷工程